知っておきたい！

運転免許

認知機能検査

対策&問題集

第2版

篠原菊紀［監修］

本書に掲載の問題は、実際に出題される試験問題と形式は同じですが、絵柄や順番が、実際の試験問題とは異なっています。ご注意ください。
実際に出題される試験問題は、以下の警察庁のホームページから、パソコン、スマートフォン等を使い、どなたでも無料で見ることができます。

https://www.npa.go.jp/policies/application/license_renewal/ninchi.html

ナツメ社

はじめに

監修者

篠原菊紀（しのはらきくのり）

脳科学・健康教育学者
公立諏訪東京理科大学
　情報応用工学科教授
地域連携研究開発機構
　医療介護・健康工学部門長

　新聞やテレビで高齢者の交通事故のニュースがたびたび報じられるようになりました。

　高齢者ドライバーへの社会の厳しい目を受け、2017年3月に施行された改正道路交通法では、高齢者の運転免許に対する規定を強化しています。75歳以上の高齢者の方を対象に「認知機能検査」が実施され、さらに2022年5月からは一定の違反歴のある方を対象に「運転技能検査」が実施されています。

●75歳以上の方は、免許を更新する際、認知機能（記憶力や判断力など）の状況を確認するための「認知機能検査」を受けることになっています。この検査で「認知症のおそれあり」と判定された方は「臨時適性検査」を受けることになりました。

●また、75歳以上で信号無視など一定の違反をしたことがある方を対象に、「運転技能検査」が行われます。これは運転免許試験場などの普通自動車でコースを運転し、いくつかの課題をこなす試験です。これに合格しないと、運転免許証の更新ができません。

　本書は「認知機能検査」と「運転技能検査」が実際どのように行われるかをまとめたものです。検査を受ける前に一読しておくことで、落ち着いて検査を受けられるようになるでしょう。

　認知機能が低下すると、信号無視や一時不停止の違反をしたり進路変更の合図が遅れる傾向が見られます。本書での検査、また実際の検査でご心配がある場合は、医師やご家族にご相談されることをお勧めします。また、全国の運転免許センターなどに設置されている「運転適性相談窓口」（→P126）も活用してみてください。

|||||||||||||||||||||| もくじ ||||||||||||||||||||||

コラム **脳はずっと鍛えられる**

認知症予防エクササイズ

＊本書に掲載している「認知機能検査 練習問題」は絵柄や順番が実際の試験とは異なります。実際の試験の問題用紙は警察庁のホームページで確認することができます。
（https://www.npa.go.jp/policies/application/license_renewal/ninchi.html）

75歳以上の運転免許更新はこうなる

　75歳以上の方が運転免許を更新するために受けなければならないのが、❶認知機能検査[*]と❷高齢者講習です。加えて一定の交通違反があった場合は、❸運転技能検査も受検することになります。

*「認知症でない」とする医師の診断書等を提出された方は、認知機能検査の受検が免除されます。

免許更新のための検査と講習のお知らせ通知が届く
更新期間満了日の約190日前

● 更新期間満了日の6か月前から、❶❷❸を順不同で受検、受講できます。

❶	❷	❸
認知機能検査（本書P10〜11、P26〜123）	**高齢者講習**（本書P124）	**運転技能検査**（一定の違反歴のある方のみ）（本書P12〜23）

❶❷❸の検査と講習をクリア

免許更新の手続き
更新期間は誕生日の前後1か月

4

❶ 認知機能検査 とは？

　いくつかのイラストを記憶し、何が描かれていたかを回答する「手がかり再生」検査と、検査時の年月日、曜日や時間を回答する「時間の見当識」検査の2つで、運転をする上で必要な記憶力などを検査します。

❷ 高齢者講習 とは？

　座学、運転適性検査、実車による講習が行われます。試験ではなく、終了後に終了証明書が交付されます。

❸ 運転技能検査 とは？

　加齢に伴う身体機能の低下の程度を判定するために、免許更新前に行われる検査で、信号無視や通行区分違反といった一定の違反歴のある方が受けるものです。指示速度による走行や一時停止などの課題をクリアしなければなりません。

検査・講習と免許更新の流れ

　75歳以上になってからの免許の更新は、行われる検査が増え、複雑になります。あらかじめ受検・受講の手続きや内容を把握し、余裕をもったスケジュールでのぞみましょう。

免許更新のための検査と講習の通知が到着

更新期間満了日（誕生日の1か月後）の約190日前に「免許更新のための検査と講習のお知らせ」通知が郵便で届きます。

● 誕生日が10月10日であれば、11月10日が更新期間満了日ですので、その日から約190日前の5月上旬に通知が届きます。

次ページへ

検査と講習を予約

❶ 認知機能検査　　❷ 高齢者講習　　❸ 運転技能検査
一定の違反歴のある方のみ

予約する

予約開始日	予約の順番	予約の方法
更新期間満了日の6か月前から予約できます。	❶❷❸の検査と講習を順不同で予約できます。	電話・WEB（スマートフォン・パソコン）から予約できます。

 次ページへ

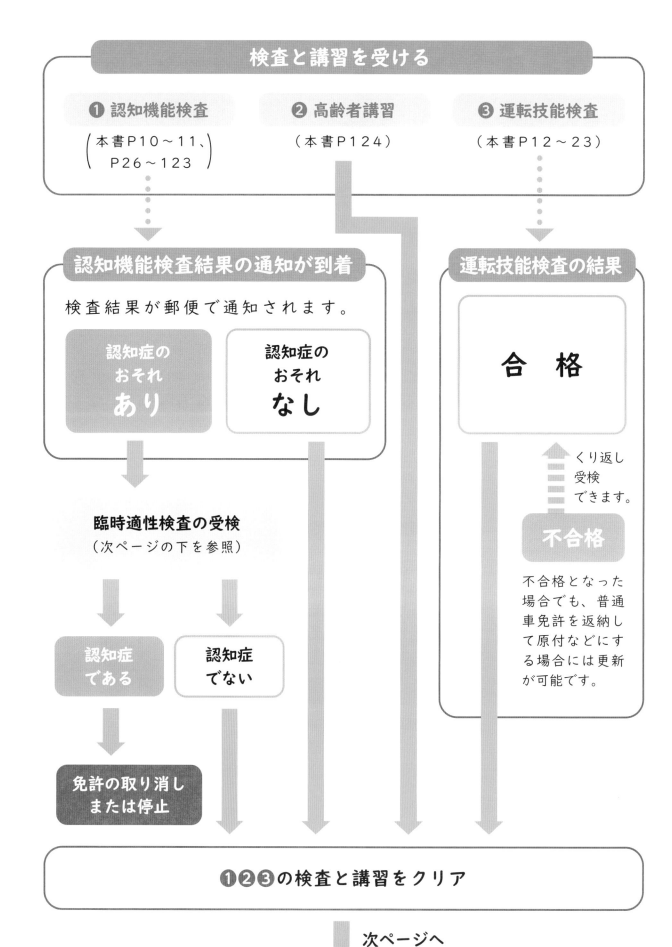

検査と講習を受ける

❶ 認知機能検査
（本書P10～11、P26～123）

❷ 高齢者講習
（本書P124）

❸ 運転技能検査
（本書P12～23）

認知機能検査結果の通知が到着

検査結果が郵便で通知されます。

| 認知症の
おそれ
あり | 認知症の
おそれ
なし |

運転技能検査の結果

合　格

くり返し
受検
できます。

不合格

不合格となった場合でも、普通車免許を返納して原付などにする場合には更新が可能です。

臨時適性検査の受検
（次ページの下を参照）

| 認知症
である | 認知症
でない |

**免許の取り消し
または停止**

❶❷❸の検査と講習をクリア

次ページへ

免許更新の手続き

更新場所	更新期間	更新案内
試験場、免許センター、指定警察署で更新の手続きを行います。	更新期間は誕生日の前後1か月です。	誕生日の40日前に「免許更新のお知らせ」が改めて通知されます。

免許証交付

臨時適性検査

認知機能検査の結果が「認知症のおそれあり」と出た場合

認知機能検査結果が「認知症のおそれあり」と出た場合は、各都道府県の公安委員会が認める認知症の専門医による臨時の適性検査を受けます。ただし、かかりつけなどの専門医による診断書を提出すれば、この検査を受ける必要はありません。

認知機能検査の概要

　75歳以上の方が受検する認知機能検査は、運転をする上で必要な記憶力や判断力を測定するものです。なお、「認知症ではない」とする医師の診断書等を提出することで、認知機能検査の受検が免除されます。

検査の内容は？

● **手がかり再生検査**

　16枚のイラストを記憶し、採点には関係ない課題を行ったあと、記憶しているイラストをヒントなしに回答し、さらにヒントをもとに回答するという検査です。

● **時間の見当識検査**

　検査時における年月日、曜日及び時間を回答する検査です。

　受検に際して特別な準備は必要ありませんが、係員の説明や注意をよく聞きましょう。

検査の判定と通知は？

　検査のあとに採点が行われ、その点数に応じて「認知症のおそれがある」、「認知症のおそれがない」の2つの判定が行われます。検査結果は後日、はがきで通知されます。検査結果が36点未満の方は、記憶力・判断力が低くなっていて「認知症のおそれがあり」と判定され、臨時適性検査（専門医の診断）の受検、または診断書の提出が必要になります。

検査の対象者①

　免許の更新期間が満了する日の年齢が75歳以上の方。運転免許証にも記載されています。

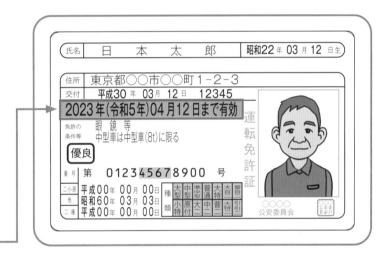

更新期間が満了する日

検査の対象者②

　75歳以上の方が信号無視や通行禁止違反など特定の交通違反をした場合は、「臨時認知機能検査」を受けなければなりません。検査方法は、通常の認知機能検査と同じです。

24 ページ 参照

75歳以上で特定交通違反は、検査の対象者になります。

運転技能検査の概要

75歳以上の方が、信号無視など一定の違反歴のある場合に受ける検査です。普通自動車でコースを運転して、指示速度による走行や一時停止などの課題をクリアしなければなりません。不合格になっても、くりかえし受けることができます。

検査の趣旨は？

一時停止などの課題走行をすることで、加齢による身体機能の低下の程度を測るために、免許更新前に行われる検査です。

検査の対象者は？

免許の更新時、75歳以上の普通自動車対応免許を所持している方で、運転免許証の有効期間満了日の直前の誕生日の160日前の日前3年間に、右ページにある11種類の違反歴がある方が対象となります。

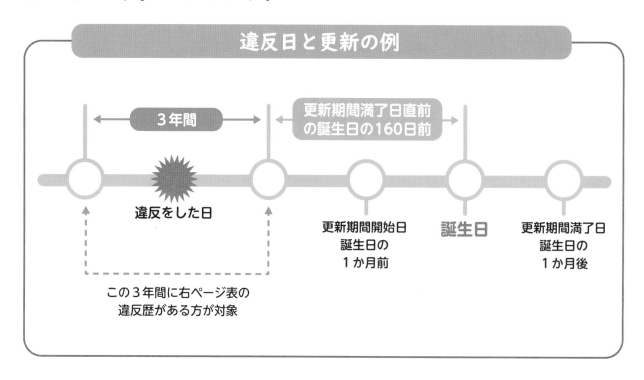

違反日と更新の例

- 3年間
- 更新期間満了日直前の誕生日の160日前
- 違反をした日
- 更新期間開始日 誕生日の1か月前
- 誕生日
- 更新期間満了日 誕生日の1か月後
- この3年間に右ページ表の違反歴がある方が対象

運転技能検査の対象になる違反11項目

①信号無視	赤信号で交差点進入等
②通行区分違反	反対車線へのはみ出し、逆走等
③通行帯違反等	追越車線を進行し続ける行為、路線バス接近時に優先通行帯から出ない等
④速度超過	最高速度を超える速度で運転
⑤横断等禁止違反	交通を妨害するおそれのある時に横断、転回または後退等する行為、道路標識等により、横断、転回または後退が禁止されている場所でのこれらの行為
⑥踏切不停止等・遮断踏切立入り	踏切で直前停止しないで通過、遮断機が閉じようとしているときに踏切に入る行為
⑦交差点右左折方法違反等	左折時に左側端に寄らない行為等
⑧交差点安全進行義務違反等	信号のない交差点で左方車両の妨害、優先道路の車両妨害等、交差点等の安全不確認等
⑨横断歩行者等妨害等	横断歩道を通行している歩行者の通行妨害等
⑩安全運転義務違反	前方不注意、安全不確認等
⑪携帯電話使用等	携帯電話を保持して通話しながら運転等

運転技能検査の概要

運転技能検査の課題と採点

　普通自動車でコースを運転して、いくつかの課題をこなしていく検査です。100点満点で、課題によって減点数が異なります。第一種の免許所持者は70点以上、第二種の免許所持者は80点以上で合格となります。

検査の課題は？

　指示速度による走行、一時停止、右折・左折、信号通過、段差乗り上げなどの課題を実施します。右ページに、詳しい課題と減点項目、判断基準、点数などを表にまとめました。

段差乗り上げなど難しい課題も入っています。うっかりミスを重ねると、合格基準の70点の確保は厳しくなってしまいます。

課題項目の評価と点数

課 題	回 数	減点項目	判断基準	点 数
指示速度による走行	1回	課題速度	速度指定区間をおおむね10km/時以上速いか遅い速度で走行した場合	−10
一時停止	2回	一時不停止（大）	道路標識による一時停止指定場所で車体の一部が越えるまでに停止しない場所でかつ交差点の手前までに停止しない場合	−20
		一時不停止（小）	道路標識による一時停止指定場所で車体の一部が越えるまでに停止しなかったものの交差点の手前までには停止した場合	−10
右左折	各2回	右側通行（大）	車体の全部が道路の中央線からはみ出した場合	−40
		右側通行（小）	車体の一部が道路の中央線からはみ出した場合	−20
		脱輪	縁石に車体を乗り上げまたコースから逸脱した場合	−20
信号通過	2回	信号無視（大）	赤信号時に車体の一部が停止線を越えかつ車体の一部が横断歩道に入るまでに停止しなかった場合	−40
		信号無視（小）	赤信号時に車体の一部が停止線を越えたものの車体の一部が横断歩道に入るまでに停止した場合	−10
段差乗り上げ	1回	乗り上げ不適	タイヤの中心が段差の端からおおむね1mを越えるまでに停止しなかった場合、または段差に乗り上げることができない場合	−20
全課題共通	−	補助ブレーキ等	走行中に危険を回避するため検査員がハンドル・ブレーキで補助したり、是正措置を指示した場合	−30

15

運転技能検査　採点のポイント

　運転技能検査はコースを約1500m走行し、その間に10以上の項目で評価を受けます。ここでは、それらの中でも特に押さえておきたい重要なポイントをご紹介します。

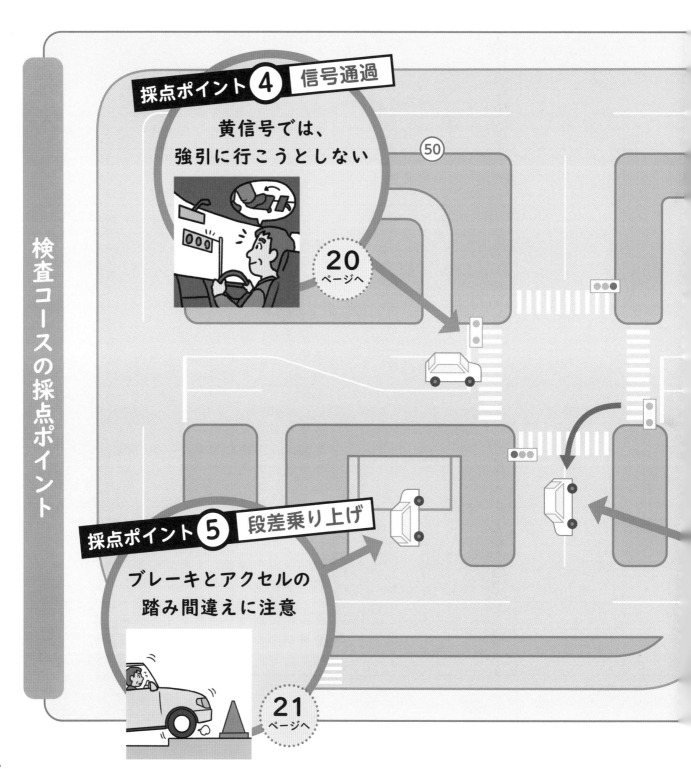

検査コースの採点ポイント

採点ポイント④ 信号通過

黄信号では、
強引に行こうとしない

20ページへ

採点ポイント⑤ 段差乗り上げ

ブレーキとアクセルの
踏み間違えに注意

21ページへ

採点ポイント ① 指示速度

指示速度から大きくそれないこと

ほとんどの方がふだんAT車に乗っているので、基本的にはAT車で検査が行われます。ただし、希望する方は、MT車での受検も可能です。検査を予約する際に問い合わせをしてください。

18 ページへ

50

採点ポイント ② 一時停止

停止線を越えない！完全に停止を

NG

18 ページへ

止まれ

採点ポイント ③ 右折・左折

中央線を越えると一発不合格

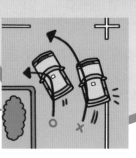

19 ページへ

採点ポイント ① 指示速度 　指示速度の±10km/時以内で走行する

たとえば、指示速度が50km/時なら40km/時以下に達しない速度や60km/時を超える速度で通過してしまうと、減点の対象になります。コースの中でどこが指示速度になっているのか事前に確認しておきましょう。

【減点項目】課題速度

指定速度の±5km/時を目安に

10km/時以上速いもしくは遅い。
→ 10点減点

採点ポイント ② 一時停止 　停止線の手前で確実に停止

一時停止場所は必ずあります。停止線を越えたり、完全に停止しないと、減点になります。必ず停止線の少し前で確実に停止しましょう。

【減点項目】一時停止（大）

車体の一部が停止線を越え、車体の一部が交差点に出ている。
→ 20点減点

【減点項目】一時停止（小）

車体の一部が停止線を越える（交差点の手前で停止している）。
→ 10点減点

採点ポイント③ 右折・左折　ゆっくりでいいので確実にハンドルを切る

車体全部が中央線を越えると一発不合格です。また、ゆっくりでいいので、内側の縁石に当たらないように小回りで曲がりましょう。

【減点項目】右側通行（大）

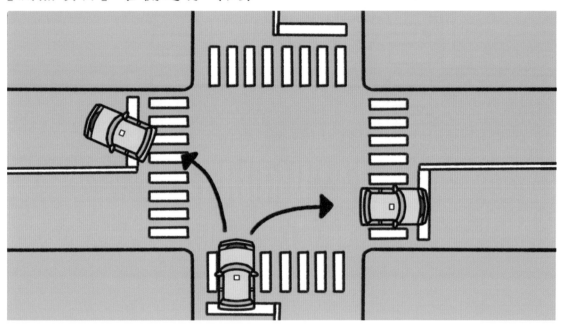

車体の全部が道路の中央線からはみ出した。
→ 40点減点

【減点項目】右側通行（小）

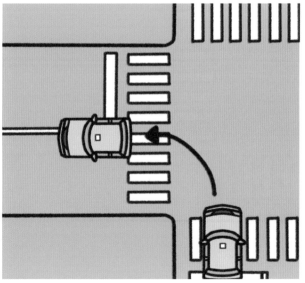

車体の一部が道路の中央線からはみ出した。
→ 20点減点

【減点項目】脱輪

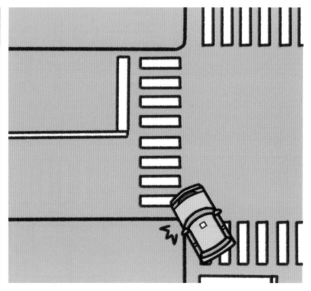

縁石に車体を乗り上げたり、コースから逸脱した。
→ 20点減点

採点ポイント④ 信号通過 　止まれる黄色のときは無理に通過しない

　黄信号はできるだけ止まるようにしましょう。また、停止線を越えて停止しないように注意します。

【減点項目】信号無視（大）

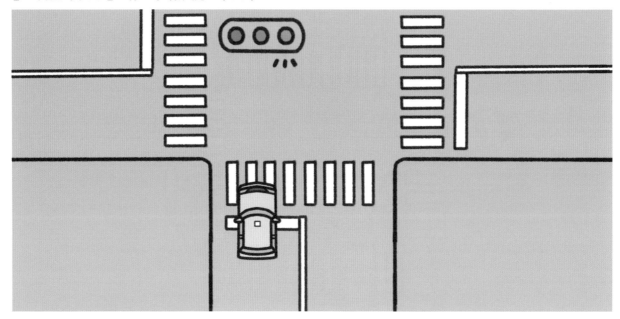

赤信号時に車体の一部が停止線を越えて横断歩道に入っている。
→ ４０点減点

【減点項目】信号無視（小）

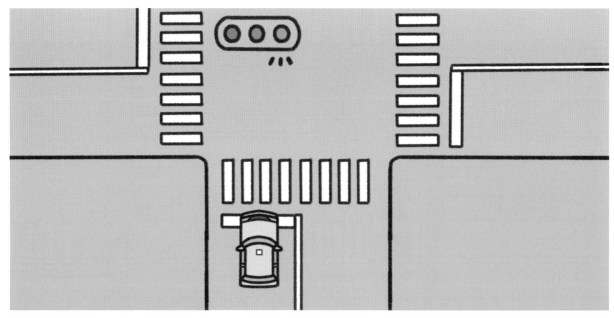

赤信号時に車体の一部が停止線を越えて横断歩道に入る前に停止している。
→ １０点減点

採点ポイント ⑤ 段差乗り上げ   少しずつ踏んで 軽く乗り上げる

　10㎝の段差に乗り上げ、段差の端から1m先にあるポールに当たる前にアクセルペダルとブレーキペダルを即座に切り替えて停止させます。

段差に前輪をつける。クリープ現象だけでは乗り越えられないので、少しずつアクセルを踏んで前輪が乗り越えるのを待つ。

前輪が段差を乗り越えたら、すぐにアクセルペダルからブレーキペダルに踏みかえる。

【減点項目】 乗り上げ不適

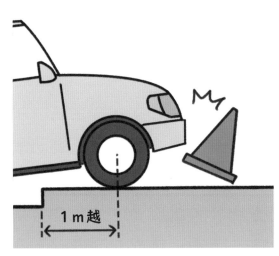

タイヤの中心が段差の端から1mを越えるまでに停止しない。

1m越

段差に乗り上げることができない。

→ 20点減点

運転技能検査の概要

採点ポイント⑥ 補助ブレーキ等 落ち着いてハンドル操作、ペダル操作を

　走行中に危険を回避するために、検査員がハンドルや補助ブレーキで補助をしたり、是正措置を指示する場合があります。焦らず落ち着いて運転しましょう。

検査員が危険を回避するために
補助ブレーキを使った。

検査員が危険を回避するために
ハンドル操作を補助した。

→ 30点減点

ここも
ポイント

最初の300mで車の特徴をつかむ

　検査ではコースを約1500m走行します。そのうち最初の約300mは受検者が試験車両に慣れるための走行と位置づけられており、これが終了すると、課題に入ります。この間にアクセルペダルやブレーキペダルの踏み具合、ハンドルの重さなど、車の特性をつかんでおくことが大切です。

一時不停止と右側通行の減点に注意！

　今回の運転技能検査に先立って警察庁が実車走行試験を行ったところ、それぞれの減点行為を1回以上行った者の割合をみると、「一時不停止（大・小）」の減点行為を行った者の割合が一番高いという結果になりました。

　また、不合格者についてみると、次の減点行為を行った者の割合が高かったことがわかりました。

● 一時不停止（大・小）…不合格者のうち約85％
● 右側通行（大・小）…不合格者のうち約49％
● 乗り上げ不適…不合格者のうち約38％

　これらは減点される点数が大きいので、特に注意しましょう。

● 減点項目を1回以上行った者の割合

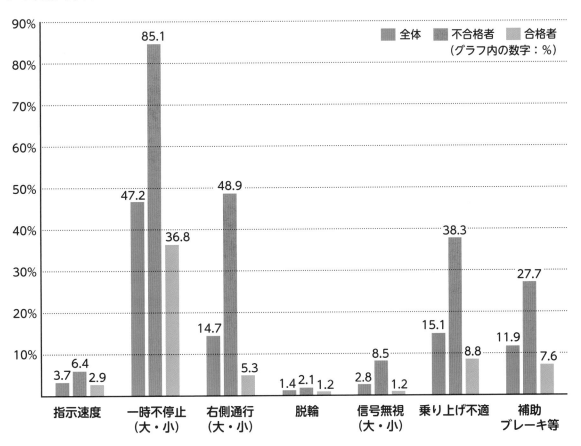

警察庁『改正道路交通法（高齢運転者対策・第二種免許等の受験資格の見直し）の施行に向けた調査研究　調査研究報告書』（令和3年3月）を参考に作成。

臨時認知機能検査

りんじにんちきのうけんさ

75歳以上の方が信号無視など右ページにある交通違反をすると、臨時の認知機能検査を受けることになります。その結果、認知機能の低下が見られた場合は、さらに臨時適性検査と臨時高齢者講習を受けることになります。

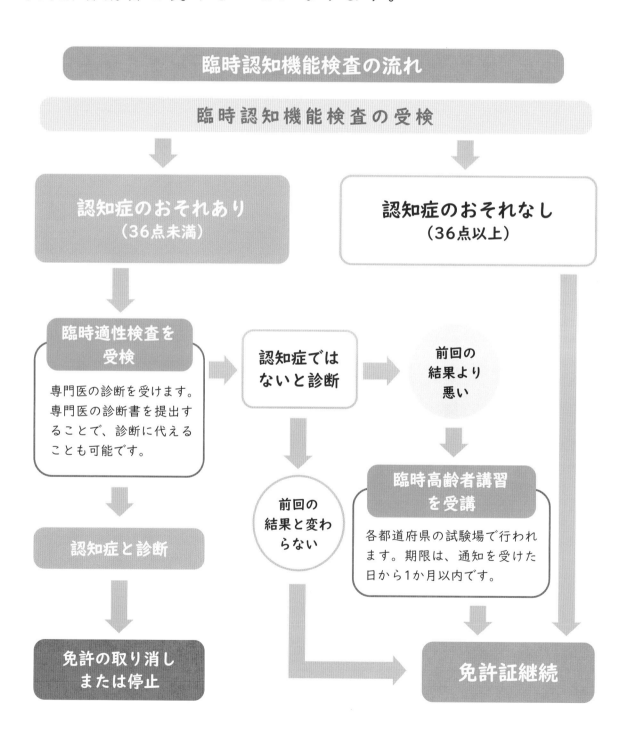

臨時認知機能検査の流れ

臨時認知機能検査の受検

認知症のおそれあり（36点未満）

認知症のおそれなし（36点以上）

臨時適性検査を受検

専門医の診断を受けます。専門医の診断書を提出することで、診断に代えることも可能です。

認知症ではないと診断

前回の結果より悪い

認知症と診断

前回の結果と変わらない

臨時高齢者講習を受講

各都道府県の試験場で行われます。期限は、通知を受けた日から1か月以内です。

免許の取り消しまたは停止

免許証継続

● 臨時認知機能検査の対象となる違反行為

臨時認知機能検査の対象となる違反行為（基準行為）には次の18種類あります。

①信号無視	②通行禁止違反	③通行区分違反
④横断等禁止違反	⑤進路変更禁止違反	⑥遮断踏切立入り等
⑦交差点右左折方法違反	⑧指定通行区分違反	⑨環状交差点左折等方法違反
⑩優先道路通行車妨害等	⑪交差点優先車妨害	⑫環状交差点通行車妨害等
⑬横断歩道等における横断歩行者等妨害	⑭横断歩道のない交差点における横断歩行者妨害	⑮徐行場所違反
⑯指定場所一時不停止等	⑰合図不履行	⑱安全運転義務違反

● 臨時認知機能検査の通知を受けたら

臨時認知機能検査の通知を受けたら、指定された日時と場所（運転免許試験場など）で検査を受けます。検査内容は「認知機能検査」と同じ、手がかり再生と時間の見当識（→P29以降を参照）です。

なお、やむを得ない理由がなく、通知書を受け取ってから1か月以内に受検しなかった場合は、運転免許の停止処分になります。

● 臨時高齢者講習の通知を受けたら

臨時高齢者講習の通知を受けたら、指定された日時と場所（運転免許試験場など）で講習を受けます。講習内容は、実際に自動車を運転しての運転動作などの行動診断・指導、また個別指導（実車の運転画像での指導、身体機能変化の映像視聴）となっています。

なお、やむを得ない理由がなく、通知書を受け取ってから1か月以内に受検しなかった場合は、運転免許の停止処分になります。

認知機能検査
練習問題の解き方

❶ 認知機能検査検査用紙

氏名、性別などを記入します。これは採点には関係ありません。

❷ イラストの記憶

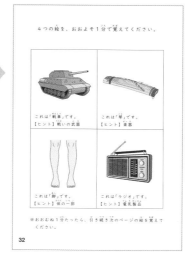

実際の試験では「これは『戦車』です」といった文字はなく、絵だけが表示されます。4つで1セットのイラストを約1分で覚えます。全部で4セット（16のイラスト）を覚えます。

タブレットでの受検が可能

　実際の試験では、用紙による受検のほかに、タブレットでの受検ができる場合があります。タブレットはスマートフォンを大きくしたような電子端末で、専用のペンで画面に直接回答を書くことができます。

　検査中でも基準点に達した時点で検査を終了できるので、短い時間で検査が済むこともあります。

ここから「認知機能検査」の練習問題、5回分を掲載しています。
練習問題は実際の試験問題をもとに編集部が作成したものです。「手がかり再生」で使われるイラストは実際の試験の絵柄とは異なりますが、形式は同じものです。
くりかえし練習することで、実際の試験に備えてください。

❸ 介入問題

指示があった数を消していく問題です。これはイラストを思い出しにくくするための問題で、採点されません。

❹ 自由回答

ヒントなしで覚えているイラストを答えます。

❺ 手がかり回答

ヒントを頼りにイラストを思い出して書きます。

❻ 時間の見当識

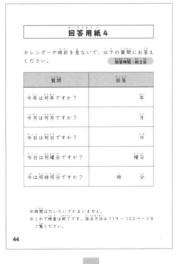

現在の年月日と曜日、時間を答えます。

❼ 答え合わせ

P120-123にある採点方法と判定方法を参考に自己採点をします。

検査に当たって事前に指示されること

認知機能検査の前に検査員から次の指示があります。

- 検査員の声が聞こえるかどうかの確認があります。声が聞こえなかったら補聴器などを着用してください。それでも十分聞こえなかったら、検査員に申し出てください。
- 携帯電話を持っている方は検査中に鳴らないよう、マナーモードにするか、電源を切ってカバンやポケットにしまってください。
- 時計をしている方は、カバンの中やポケットなどにしまってください。
- 字の読み書きにメガネが必要な方は出しておいてください。
- 問題用紙などは指示があるまでめくらないでください。

次に検査中の諸注意があります。

- 問題用紙などは指示があるまでめくらないでください。
- 回答中は声を出さないようにしてください。
- 質問があったら手を挙げてください。
- 回答中に書き損じをしてしまったら、二重線で次のように訂正してください。

  消しゴムは使えません。

  | （例）　鈴木　~~左~~郎 |
  | 太 |

※タブレットによる検査では、ヘッドフォンを装着します。ここにある指示や諸注意がヘッドフォンから音声として流れます。

第1回
練習問題と回答用紙

次ページから本番と同形式の問題が載っています。
本番の検査実施中は検査員が「めくってください」と言うまでは用紙をめくらないでください。

（実際に出題される問題とは絵柄や順番が異なります）

認知機能検査検査用紙

名前	
生年月日	大正 昭和　　　　　年　　月　　日

諸注意

1　指示があるまで、用紙はめくらないでください。
2　答を書いているときは、声を出さないでください。
3　質問があったら、手を挙げてください。

※本番の検査では指示があるまでめくらないでください。

30

最初の検査を行います。

用紙は、指示があるまでめくらないでください。

これから、いくつかの絵をご覧いただきます。

一度に4つの絵です。

それが何度か続きます。

後で、何の絵があったかをすべて答えていただきますので、よく覚えるようにしてください。

絵を覚えるためのヒントもお出しします。

ヒントを手がかりに、覚えるようにしてください。

４つの絵を、おおよそ１分で覚えてください。

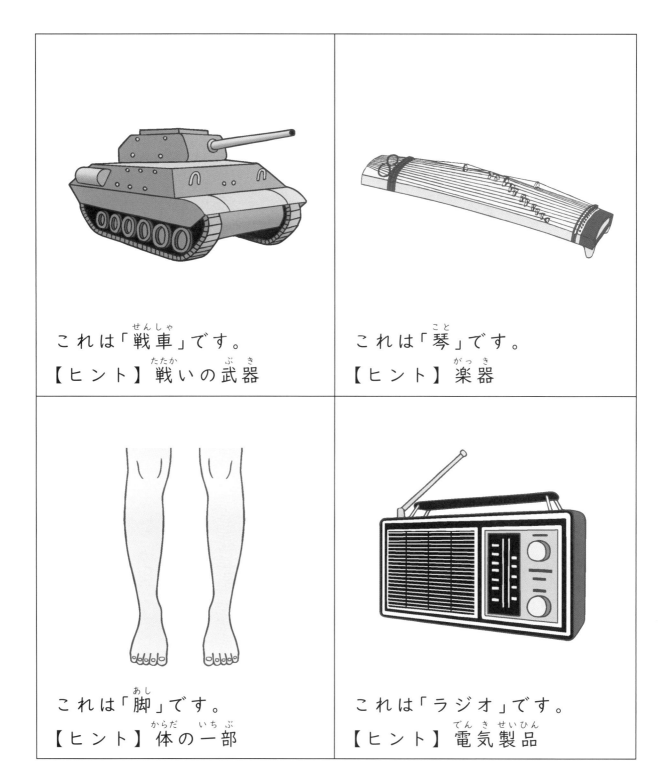

これは「戦車」です。
【ヒント】戦いの武器

これは「琴」です。
【ヒント】楽器

これは「脚」です。
【ヒント】体の一部

これは「ラジオ」です。
【ヒント】電気製品

※おおむね１分たったら、引き続き次のページの絵を覚えて
ください。

４つの絵を、おおよそ１分で覚えてください。

これは「セミ」です。
【ヒント】昆虫

これは「うさぎ」です。
【ヒント】動物

これは「タケノコ」です。
【ヒント】野菜

これは「包丁」です。
【ヒント】台所用品

※おおむね１分たったら、引き続き次のページの絵を覚えて
ください。

４つの絵を、おおよそ１分で覚えてください。

これは「ものさし」です。
【ヒント】文房具

これは「トラック」です。
【ヒント】乗り物

これは「レモン」です。
【ヒント】果物

これは「ズボン」です。
【ヒント】衣類

※おおむね１分たったら、引き続き次のページの絵を覚えて
　ください。

4つの絵を、おおよそ1分で覚えてください。

これは「スズメ」です。
【ヒント】鳥

これは「バラ」です。
【ヒント】花

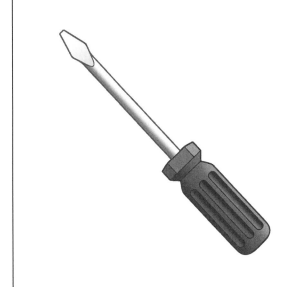

これは「ドライバー」です。
【ヒント】大工道具

これは「机」です。
【ヒント】家具

※本番の検査では指示があるまでめくらないでください。

※このページは空白です。

問題用紙1

　これから、たくさん数字が書かれた表が出ますので、指示をした数字に斜線を引いてもらいます。

　例えば、「1と4」に斜線を引いてくださいと言ったときは、

4	3	1	4	6	2	4	7	3	9
8	6	3	1	8	9	5	6	4	3

と例示のように順番に、見つけただけ斜線を引いてください。

※本番の検査では指示があるまでめくらないでください。

回答用紙1

1 と 6 に斜線を引いてください。 回答時間：約30秒

4	5	3	7	1	4	9	7	2	1
9	2	1	2	7	6	8	2	4	6
2	5	8	4	3	6	8	7	9	2
1	8	3	4	2	6	5	9	7	6
7	2	8	2	6	8	3	1	2	9
8	1	5	4	2	6	4	2	5	8
1	3	8	4	7	1	3	6	3	2
5	3	1	6	1	7	2	7	8	6
4	2	6	8	2	4	9	5	7	3
3	6	8	9	2	6	9	5	4	2

同じ回答用紙に、はじめから2と4と8に斜線を引いてください。 回答時間：約30秒

※本番の検査では指示があるまでめくらないでください。
※この問題は採点されません。

38

問題用紙2

先ほど何枚かの絵を見ていただきました。何が描かれていたのかを思い出して、次のページの回答用紙2にできるだけ全部書いてください。回答中は絵を見ないようにしてください。

回答の順番は問いません。
思い出した順で結構です。

「漢字」でも「カタカナ」でも「ひらがな」でもかまいません。
間違えた場合は、二重線で訂正してください。

※本番の検査では指示があるまでめくらないでください。

回答用紙2

1.	9.
2.	10.
3.	11.
4.	12.
5.	13.
6.	14.
7.	15.
8.	16.

※本番の検査では指示があるまでめくらないでください。

今度は回答用紙に、ヒントが書いてあります。

それを手がかりに、もう一度、何が描かれていたのかを思い出して、回答用紙3にできるだけ全部書いてください。

それぞれのヒントに対して、回答は1つだけです。

2つ以上は書かないでください。

「漢字」でも「カタカナ」でも「ひらがな」でもかまいません。

間違えた場合は、二重線で訂正してください。

※本番の検査では指示があるまでめくらないでください。

回答用紙3

回答時間：約3分

1．戦いの武器	9．文房具
2．楽器	10．乗り物
3．体の一部	11．果物
4．電気製品	12．衣類
5．昆虫	13．鳥
6．動物	14．花
7．野菜	15．大工道具
8．台所用品	16．家具

※本番の検査では指示があるまでめくらないでください。

問題用紙4

この検査には、5つの質問があります。

左側に質問が書いてあります。それぞれの質問に対する答を右側の回答欄に記入してください。

よく分からない場合でも、できるだけ何らかの答を記入してください。空欄とならないようにしてください。

質問の中に「何年」の質問があります。

これは「なにどし」ではありません。干支で回答しないようにしてください。

「何年」の回答は、西暦で書いても和暦で書いてもかまいません。

和暦とは、元号を用いた言い方のことです。

※本番の検査では指示があるまでめくらないでください。

回答用紙4

カレンダーや時計を見ないで、以下の質問にお答えください。

回答時間：約2分

質問	回答
今年は何年ですか？	年
今月は何月ですか？	月
今日は何日ですか？	日
今日は何曜日ですか？	曜日
今は何時何分ですか？	時　　分

※時間はだいたいでかまいません。
※これで検査は終了です。採点方法は119〜123ページをご覧ください。

認知機能を維持したいなら
同時並行作業トレーニングを

　認知機能の低下には、「**ワーキングメモリ**」という機能がかかわっています。ワーキングメモリは短期記憶の一種で、情報や記憶を一時的に脳に保持して（メモリ）何らかの作業を行う（ワーキング）ための記憶です。

　例えば、日常生活の中でこのような経験はありませんか？

　「思いついたことがあったのに、ちょっと別の作業をしたら忘れてしまった」

　「何かを話したくて話し始めたのに、途中で何を話していたのかわからなくなってしまった」などなど。

　ワーキングメモリが低下すると、このように最初の記憶を脳に留めておくことができなくなります。ワーキングメモリは加齢とともに低下していき、これが認知機能の低下に結びついています。運転免許認知機能検査は、このワーキングメモリの低下がどの程度なのかを測るテストなのです。

　しかし、ワーキングメモリを鍛える方法もあります。それは「運動をしながら計算をする」というような、2つのことを同時に行う「**同時並行作業**」です。同時並行作業をこなす訓練は、うまくできなかったりストレスに感じたりするかもしれませんが、その適度なストレスこそが脳を鍛えることにつながります。

　ワーキングメモリは仕事でも勉強でも必須ですし、コミュニケーションの基本にもなります。もちろん、さまざまな動作や認知が組み合わさった運転にもかかわってきます。日頃からしっかり鍛えることが大切です。

何を思いついたんだっけ…

ワーキングメモリの低下は
認知機能の低下につながる。

45

すりすりトントン

ある動作を瞬時に切り換えるエクササイズです。
最初はゆっくりと、徐々にスピードアップしてください。

① 右手をグーにして左手をパーにして机の上におきます。
右手のグーで机をトントンとたたきます。そのリズムにあわせて左手のパーで机を前後にすりすりします。

② 10回トントンしたら、瞬時に左右を逆にします。
続けて10回同じ動作を行います。

さらに

難易度アップ	慣れてきたら、机を使わずに空中でやってみてください。

第2回
練習問題と回答用紙

次ページから本番と同形式の問題が載っています。
本番の検査実施中は検査員が「めくってください」と言うまで
は用紙をめくらないでください。

（実際に出題される問題とは絵柄や順番が異なります）

認知機能検査検査用紙

名前	
生年月日	大正 昭和　　　　　　　年　　　　月　　　　日

諸注意
1　指示があるまで、用紙はめくらないでください。
2　答を書いているときは、声を出さないでください。
3　質問があったら、手を挙げてください。

※本番の検査では指示があるまでめくらないでください。

48

最初の検査を行います。

用紙は、指示があるまでめくらないでください。

これから、いくつかの絵をご覧いただきます。

一度に4つの絵です。

それが何度か続きます。

後で、何の絵があったかをすべて答えていただきますので、よく覚えるようにしてください。

絵を覚えるためのヒントもお出しします。

ヒントを手がかりに、覚えるようにしてください。

4つの絵を、おおよそ1分で覚えてください。

これは「大砲」です。
【ヒント】戦いの武器

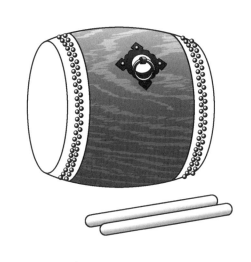

これは「太鼓」です。
【ヒント】楽器

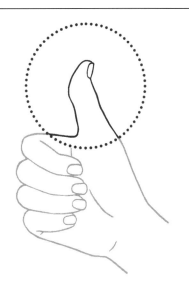

これは「親指」です。
【ヒント】体の一部

これは「テレビ」です。
【ヒント】電気製品

※おおむね1分たったら、引き続き次のページの絵を覚えて
　ください。

4つの絵を、おおよそ1分で覚えてください。

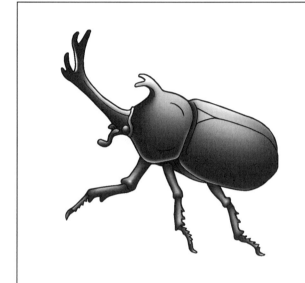

これは「カブトムシ」です。
【ヒント】昆虫

これは「牛」です。
【ヒント】動物

これは「トマト」です。
【ヒント】野菜

これは「フライパン」です。
【ヒント】台所用品

※おおむね1分たったら、引き続き次のページの絵を覚えて
　ください。

51

4つの絵を、おおよそ1分で覚えてください。

これは「万年筆」です。
【ヒント】文房具

これは「オートバイ」です。
【ヒント】乗り物

これは「メロン」です。
【ヒント】果物

これは「コート」です。
【ヒント】衣類

※おおむね1分たったら、引き続き次のページの絵を覚えて
　ください。

4つの絵を、おおよそ1分で覚えてください。

これは「ペンギン」です。
【ヒント】鳥

これは「ひまわり」です。
【ヒント】花

これは「ペンチ」です。
【ヒント】大工道具

これは「椅子」です。
【ヒント】家具

※本番の検査では指示があるまでめくらないでください。

53

※このページは空白です。

　これから、たくさん数字が書かれた表が出ますので、指示をした数字に斜線を引いてもらいます。

　例えば、「1と4」に斜線を引いてくださいと言ったときは、

4	3	1	4	6	2	4	7	3	9
8	6	3	1	8	9	5	6	4	3

と例示のように順番に、見つけただけ斜線を引いてください。

※本番の検査では指示があるまでめくらないでください。

55

回答用紙1

3と8に斜線を引いてください。 回答時間：約30秒

9	3	2	7	5	4	2	4	1	3
3	4	5	2	1	2	7	2	4	6
6	5	2	7	9	6	1	3	4	2
4	6	1	4	3	8	2	6	9	3
2	5	4	5	1	3	7	9	6	8
2	6	5	9	6	8	4	7	1	3
4	1	8	2	4	6	7	1	3	9
9	4	1	6	2	3	2	7	9	5
1	3	7	8	5	6	2	9	8	4
2	5	6	9	1	3	7	4	5	8

同じ回答用紙に、はじめから2と4と7に斜線を引いてください。 回答時間：約30秒

※本番の検査では指示があるまでめくらないでください。
※この問題は採点されません。

56

先ほど何枚かの絵を見ていただきました。何が描かれていたのかを思い出して、次のページの回答用紙２にできるだけ全部書いてください。回答中は絵を見ないようにしてください。

回答の順番は問いません。
思い出した順で結構です。

「漢字」でも「カタカナ」でも「ひらがな」でもかまいません。
間違えた場合は、二重線で訂正してください。

※本番の検査では指示があるまでめくらないでください。

回答用紙2

1.	9.
2.	10.
3.	11.
4.	12.
5.	13.
6.	14.
7.	15.
8.	16.

※本番の検査では指示があるまでめくらないでください。

　今度は回答用紙に、ヒントが書いてあります。

　それを手がかりに、もう一度、何が描かれていたのかを思い出して、回答用紙３にできるだけ全部書いてください。

　それぞれのヒントに対して、回答は１つだけです。

　２つ以上は書かないでください。

「漢字」でも「カタカナ」でも「ひらがな」でもかまいません。

　間違えた場合は、二重線で訂正してください。

※本番の検査では指示があるまでめくらないでください。

回答用紙3

かいとうようし

1．戦いの武器	9．文房具
2．楽器	10．乗り物
3．体の一部	11．果物
4．電気製品	12．衣類
5．昆虫	13．鳥
6．動物	14．花
7．野菜	15．大工道具
8．台所用品	16．家具

※本番の検査では指示があるまでめくらないでください。

この検査には、５つの質問があります。

左側に質問が書いてあります。それぞれの質問に対する答を右側の回答欄に記入してください。

よく分からない場合でも、できるだけ何らかの答を記入してください。空欄とならないようにしてください。

質問の中に「何年」の質問があります。

これは「なにどし」ではありません。干支で回答しないようにしてください。

「何年」の回答は、西暦で書いても和暦で書いてもかまいません。

和暦とは、元号を用いた言い方のことです。

※本番の検査では指示があるまでめくらないでください。

回答用紙4

カレンダーや時計を見ないで、以下の質問にお答えください。

回答時間：約2分

質問	回答
今年は何年ですか？	年
今月は何月ですか？	月
今日は何日ですか？	日
今日は何曜日ですか？	曜日
今は何時何分ですか？	時　　分

※時間はだいたいでかまいません。
※これで検査は終了です。採点方法は119〜123ページをご覧ください。

年齢とともに賢くなる脳もある

　「最近ものが覚えられなくなった」という方は多いでしょう。たしかに年齢を重ねると、新しいことを覚えたり、新しい環境に順応したりするのが苦手になります。ものを覚えるのに必要な知能を「**流動性知能**」といいますが、これはおおむね20歳前後をピークに衰えていくことがわかっています。運転免許認知検査に出題されるイラスト問題は、16種類のイラストを覚えた後でその名前を書くものです。これは「再生テスト」と言われ、このテストの成績も20歳前後をピークに、年とともに低下してきます。

　しかし、何かを覚えて、後で覚えたものを含むリストを見ながら覚えたものはどれかを当てる「再認テスト」と言われるテストだと、若者でも高齢者でも成績にさほど差はありません。

　また、加齢とともに伸びていく能力もあります。例えば、人をまとめたり仕事をたばねたりするときに必要な知能で、「**結晶性知能＝クリスタルインテリジェンス**」といいます。やさしい言葉で言うと、知恵や知識、経験といったものになるでしょう。これは歳とともに生きているかぎり伸びていく知能なのです。

　このように、歳をとったからといって記憶にかかわるすべての能力が落ちるとは言い切れない部分があります。脳は歳とともに賢くなっていくというのも、また真実なのです。

私の経験では…

経験によって人をたばねたりする知能は年齢とともに伸びていく。

２拍子・３拍子運動

左右の手それぞれで違う動作を行うエクササイズです。
どちらかの動きを意識しすぎるとうまくいきません。

１ 左手の人差し指を左右に動かして２拍子をとると同時に、右手の人差し指を三角に動かして３拍子をとります。この動作を何度も繰り返します。

２ 手を入れ替えて、❶と同じ動作を行います。

さらに 難易度アップ 徐々にスピードをアップして❶❷を繰り返します。

第3回
練習問題と回答用紙

次ページから本番と同形式の問題が載っています。
本番の検査実施中は検査員が「めくってください」と言うまで
は用紙をめくらないでください。

（実際に出題される問題とは絵柄や順番が異なります）

認知機能検査検査用紙

名前	
生年月日	大正 昭和　　　　　　　　　年　　　月　　　日

諸注意

1　指示があるまで、用紙はめくらないでください。
2　答を書いているときは、声を出さないでください。
3　質問があったら、手を挙げてください。

※本番の検査では指示があるまでめくらないでください。

最初の検査を行います。

用紙は、指示があるまでめくらないでください。

これから、いくつかの絵をご覧いただきます。

一度に４つの絵です。

それが何度か続きます。

後で、何の絵があったかをすべて答えていただきますので、よく覚えるようにしてください。

絵を覚えるためのヒントもお出しします。

ヒントを手がかりに、覚えるようにしてください。

4つの絵を、おおよそ1分で覚えてください。

これは「機関銃」です。
【ヒント】戦いの武器

これは「アコーディオン」です。
【ヒント】楽器

これは「耳」です。
【ヒント】体の一部

これは「ステレオ」です。
【ヒント】電気製品

※おおむね1分たったら、引き続き次のページの絵を覚えてください。

４つの絵を、おおよそ１分で覚えてください。

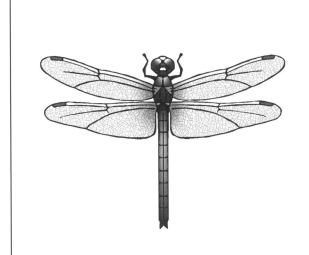

これは「トンボ」です。
【ヒント】昆虫

これは「ライオン」です。
【ヒント】動物

これは「かぼちゃ」です。
【ヒント】野菜

これは「鍋」です。
【ヒント】台所用品

※おおむね１分たったら、引き続き次のページの絵を覚えて
ください。

4つの絵を、おおよそ1分で覚えてください。

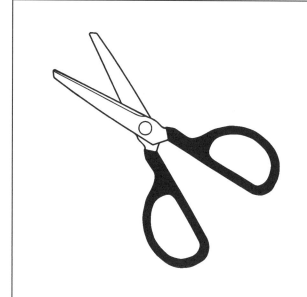

これは「はさみ」です。
【ヒント】文房具

これは「飛行機」です。
【ヒント】乗り物

これは「パイナップル」です。
【ヒント】果物

これは「スカート」です。
【ヒント】衣類

※おおむね1分たったら、引き続き次のページの絵を覚えて
ください。

4つの絵を、おおよそ1分で覚えてください。

これは「にわとり」です。
【ヒント】鳥

これは「チューリップ」です。
【ヒント】花

これは「かなづち」です。
【ヒント】大工道具

これは「ソファー」です。
【ヒント】家具

※本番の検査では指示があるまでめくらないでください。

第3回 練習問題

※このページは空白です。

　これから、たくさん数字が書かれた表が出ますので、指示をした数字に斜線を引いてもらいます。

　例えば、「1と4」に斜線を引いてくださいと言ったときは、

4	3	1	4	6	2	4	7	3	9
8	6	3	1	8	9	5	6	4	3

と例示のように順番に、見つけただけ斜線を引いてください。

※本番の検査では指示があるまでめくらないでください。

第3回 練習問題

回答用紙1

4と8に斜線を引いてください。　回答時間：約30秒

4	6	3	2	6	7	3	9	2	1
4	8	6	1	2	3	7	8	5	2
6	4	3	9	2	8	3	5	6	4
6	8	3	6	5	1	2	8	2	5
4	7	6	7	3	5	9	2	8	1
4	8	7	2	8	1	6	9	3	5
6	3	1	4	7	8	9	3	5	2
2	6	7	8	4	5	4	9	2	7
3	5	9	1	7	8	4	2	1	6
4	5	8	2	3	5	9	1	7	8

同じ回答用紙に、はじめから3と7と9に斜線を引いてください。　回答時間：約30秒

※本番の検査では指示があるまでめくらないでください。
※この問題は採点されません。

74

先ほど何枚かの絵を見ていただきました。何が描かれていたのかを思い出して、次のページの回答用紙2にできるだけ全部書いてください。回答中は絵を見ないようにしてください。

回答の順番は問いません。
思い出した順で結構です。

「漢字」でも「カタカナ」でも「ひらがな」でもかまいません。
間違えた場合は、二重線で訂正してください。

※本番の検査では指示があるまでめくらないでください。

第3回 練習問題

回答用紙2

1.	9.
2.	10.
3.	11.
4.	12.
5.	13.
6.	14.
7.	15.
8.	16.

※本番の検査では指示があるまでめくらないでください。

今度は回答用紙に、ヒントが書いてあります。

それを手がかりに、もう一度、何が描かれていたのかを思い出して、回答用紙3にできるだけ全部書いてください。

それぞれのヒントに対して、回答は1つだけです。

2つ以上は書かないでください。

「漢字」でも「カタカナ」でも「ひらがな」でもかまいません。

間違えた場合は、二重線で訂正してください。

※本番の検査では指示があるまでめくらないでください。

回答用紙３

回答時間：約３分

１．戦いの武器	９．文房具
２．楽器	１０．乗り物
３．体の一部	１１．果物
４．電気製品	１２．衣類
５．昆虫	１３．鳥
６．動物	１４．花
７．野菜	１５．大工道具
８．台所用品	１６．家具

※本番の検査では指示があるまでめくらないでください。

78

この検査には、5つの質問があります。

左側に質問が書いてあります。それぞれの質問に対する答を右側の回答欄に記入してください。

よく分からない場合でも、できるだけ何らかの答を記入してください。空欄とならないようにしてください。

質問の中に「何年」の質問があります。

これは「なにどし」ではありません。干支で回答しないようにしてください。

「何年」の回答は、西暦で書いても和暦で書いてもかまいません。

和暦とは、元号を用いた言い方のことです。

※本番の検査では指示があるまでめくらないでください。

回答用紙4

カレンダーや時計を見ないで、以下の質問にお答えください。

回答時間：約2分

質問	回答
今年は何年ですか？	年
今月は何月ですか？	月
今日は何日ですか？	日
今日は何曜日ですか？	曜日
今は何時何分ですか？	時　　分

※時間はだいたいでかまいません。
※これで検査は終了です。採点方法は119～123ページをご覧ください。

行動前のイメージトレーニングで「ど忘れ」をなくすことができる

　「リビングに財布を取りに行ったのに、リビングについた途端、何をしに来たのか忘れてしまった…」。多かれ少なかれ、こんな経験をしたことがあるでしょう。でも「歳をとったんだから…」とあきらめないでください。行動を起こす前に次の①～③のようにすると、ど忘れの頻度(ひんど)がずっと少なくなるはずです。

①「財布を取ってくる」と何度も声に出す。

②リビングにある財布を思い浮かべる。

③リビングに行って財布を手にしている映像(動画)を思い浮かべる。

　何も考えずにただリビングに行くより、こういった方法をとるほうが確実に脳に記憶されるのです。

　このような方法を習慣にすると、やる気がアップしたり、筋肉の動きをよくしたりする効果があります。運動の分野でよく言われる**「イメージトレーニング」**の効果です。例えば、まったく勉強にやる気が出ない場合、「実際に立ち上がって机のある場所に行き、勉強を始める」映像を思い浮かべると、脳の運動野(うんどうや)などの活動が活発になってやる気が出やすくなります。あるいは足を速くしたい場合、「自分が速く上手に走っている姿」を繰り返し思い浮かべるようにすると、実際のトレーニングの効果が上がるという研究結果もあります。

　このように脳の働きを上手に使うことで、さまざまなメリットが得られるのです。

動作の前にその動作を声に出したり思い浮かべたりすると忘れにくくなる。

親指・小指運動

右手と左手で違う動作を行います。
慣れてきたらスピードをあげてみましょう。

1 左右の手を握り、目の前に持ってきます。左手で小指を右手で親指を出します。

2 左右を交互に切り換えます。

さらに

難易度アップ	徐々にスピードをアップして❶❷を繰り返します。

第4回
練習問題と回答用紙

次ページから本番と同形式の問題が載っています。
本番の検査実施中は検査員が「めくってください」と言うまで
は用紙をめくらないでください。

（実際に出題される問題とは絵柄や順番が異なります）

認知機能検査検査用紙

名前 （なまえ）	
生年月日 （せいねんがっぴ）	大正 （たいしょう）　　　　　　　　年（ねん）　　月（がつ）　　日（にち） 昭和 （しょうわ）

84

最初の検査を行います。

用紙は、指示があるまでめくらないでく
ださい。

これから、いくつかの絵をご覧いただき
ます。

一度に4つの絵です。

それが何度か続きます。

後で、何の絵があったかをすべて答えて
いただきますので、よく覚えるようにして
ください。

絵を覚えるためのヒントもお出しします。

ヒントを手がかりに、覚えるようにして
ください。

４つの絵を、おおよそ１分で覚えてください。

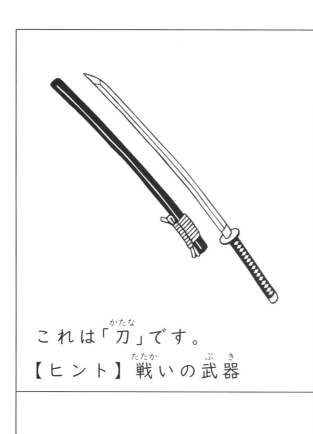

これは「刀」です。
【ヒント】戦いの武器

これは「オルガン」です。
【ヒント】楽器

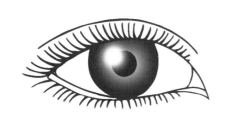

これは「目」です。
【ヒント】体の一部

これは「電子レンジ」です。
【ヒント】電気製品

※おおむね１分たったら、引き続き次のページの絵を覚えて
ください。

４つの絵を、おおよそ１分で覚えてください。

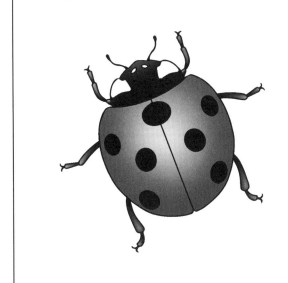

これは「テントウムシ」です。
【ヒント】昆虫

これは「馬」です。
【ヒント】動物

これは「トウモロコシ」です。
【ヒント】野菜

これは「やかん」です。
【ヒント】台所用品

※おおむね１分たったら、引き続き次のページの絵を覚えてください。

4つの絵を、おおよそ1分で覚えてください。

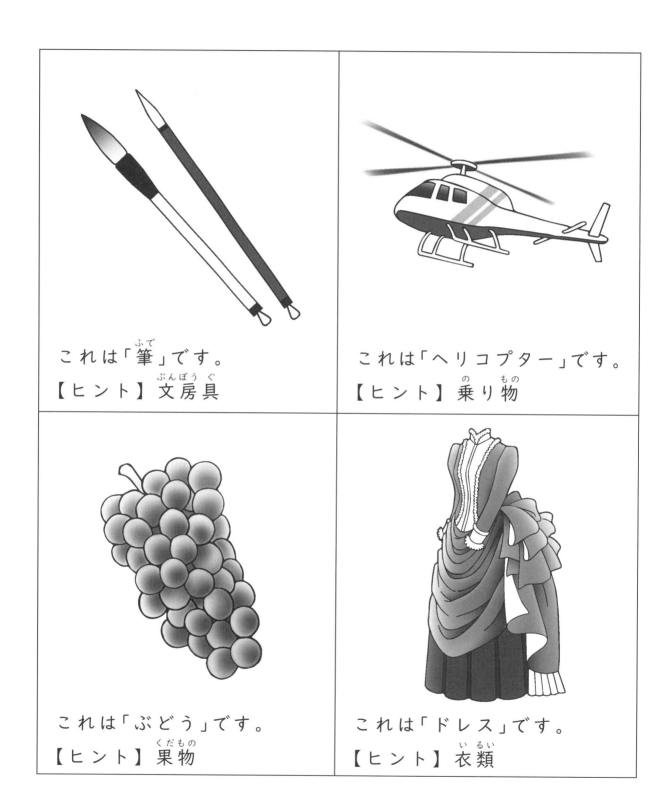

これは「筆」です。
【ヒント】文房具

これは「ヘリコプター」です。
【ヒント】乗り物

これは「ぶどう」です。
【ヒント】果物

これは「ドレス」です。
【ヒント】衣類

※おおむね1分たったら、引き続き次のページの絵を覚えてください。

４つの絵を、おおよそ１分で覚えてください。

これは「くじゃく」です。
【ヒント】鳥

これは「ユリ」です。
【ヒント】花

これは「のこぎり」です。
【ヒント】大工道具

これは「ベッド」です。
【ヒント】家具

第４回 練習問題

※本番の検査では指示があるまでめくらないでください。

※このページは空白です。

　これから、たくさん数字が書かれた表が出ますので、指示をした数字に斜線を引いてもらいます。

　例えば、「1と4」に斜線を引いてくださいと言ったときは、

4̸	3	4̸	4̸	6	2	4̸	7	3	9
8	6	3	4̸	8	9	5	6	4̸	3

と例示のように順番に、見つけただけ斜線を引いてください。

第4回 練習問題

※本番の検査では指示があるまでめくらないでください。

回答用紙1

3と6に斜線を引いてください。　回答時間：約30秒

5	7	4	3	7	8	4	1	3	2
5	9	7	2	3	4	8	9	6	3
7	5	4	1	3	9	4	6	7	5
7	9	4	7	6	2	3	9	3	6
5	8	7	8	4	6	1	3	9	2
5	9	8	3	9	2	7	1	4	6
7	4	2	5	8	9	1	4	6	3
3	7	8	9	5	6	7	1	3	8
4	6	1	2	8	1	5	3	2	7
5	6	9	3	4	6	1	2	8	9

同じ回答用紙に、はじめから1と4と8に斜線を引いてください。　回答時間：約30秒

※本番の検査では指示があるまでめくらないでください。
※この問題は採点されません。

92

先ほど何枚かの絵を見ていただきました。何が描かれていたのかを思い出して、次のページの回答用紙2にできるだけ全部書いてください。回答中は絵を見ないようにしてください。

回答の順番は問いません。
思い出した順で結構です。

「漢字」でも「カタカナ」でも「ひらがな」でもかまいません。
間違えた場合は、二重線で訂正してください。

※本番の検査では指示があるまでめくらないでください。

第4回 練習問題

93

回答用紙２

1.	9.
2.	10.
3.	11.
4.	12.
5.	13.
6.	14.
7.	15.
8.	16.

※本番の検査では指示があるまでめくらないでください。

　今度は回答用紙に、ヒントが書いてあります。

　それを手がかりに、もう一度、何が描かれていたのかを思い出して、回答用紙3にできるだけ全部書いてください。

　それぞれのヒントに対して、回答は1つだけです。

　2つ以上は書かないでください。

「漢字」でも「カタカナ」でも「ひらがな」でもかまいません。

　間違えた場合は、二重線で訂正してください。

※本番の検査では指示があるまでめくらないでください。

第4回 練習問題

95

回答用紙3

1. 戦いの武器	9. 文房具
2. 楽器	10. 乗り物
3. 体の一部	11. 果物
4. 電気製品	12. 衣類
5. 昆虫	13. 鳥
6. 動物	14. 花
7. 野菜	15. 大工道具
8. 台所用品	16. 家具

※本番の検査では指示があるまでめくらないでください。

この検査には、5つの質問があります。

左側に質問が書いてあります。それぞれの質問に対する答を右側の回答欄に記入してください。

よく分からない場合でも、できるだけ何らかの答を記入してください。空欄とならないようにしてください。

質問の中に「何年」の質問があります。

これは「なにどし」ではありません。干支で回答しないようにしてください。

「何年」の回答は、西暦で書いても和暦で書いてもかまいません。

和暦とは、元号を用いた言い方のことです。

※本番の検査では指示があるまでめくらないでください。

第4回 練習問題

97

回答用紙4

カレンダーや時計を見ないで、以下の質問にお答えください。

回答時間：約2分

質問	回答
今年は何年ですか？	年
今月は何月ですか？	月
今日は何日ですか？	日
今日は何曜日ですか？	曜日
今は何時何分ですか？	時　分

※時間はだいたいでかまいません。

※これで検査は終了です。採点方法は119〜123ページをご覧ください。

かんたんな歩行運動でもOK
運動で認知処理能力のアップを

　運動が体に良いということは当然ですが、運動は脳にも良いということがわかっています。運動をすると、認知処理能力が上がり、運動をする人はしない人よりアルツハイマー病を含め、認知症になりにくいことが報告されています。

　急激な運動は膝や腰を痛めるので、中高年の方が気軽に始められる運動としては**ウォーキング**がベストでしょう。1年間やや速いウォーキングを行ったところ、高齢者の記憶をつかさどる脳の部位である海馬が大きくなったという研究結果もあります。

　しかし、ウォーキングだけでは筋力の衰えは止められません。そこで、筋力をアップできるウォーキング、「**インターバル速歩**」が効果的です。例えば、2分間速い速度で歩き、3分間ゆっくり歩くのを交互に行うというやり方です。

　さらに、これに脳トレを合体させましょう。45ページでお話しした2つの動作を同時に行う「同時並行作業」です。方法は、速い速度で歩くときに「3歩目を大股にする」というものです。結構難しいかもしれませんが、脳と体を同時にトレーニングできます。もっと難しくても大丈夫という方は、ゆっくり歩くときに「ひとり・しりとり」をやってみてください。さらに効果が望めます。

速度を変化させる「インターバル速歩」で認知処理能力と筋力の両方を鍛える。

ひとり後出しジャンケン

ひとりで行うジャンケンですがなかなか難しいエクササイズです。最初はゆっくりと、徐々にスピードアップしてください。

1 左手でグー・チョキ・パーの順番で先に出し、右手を後に出します。右手が必ず勝つようにして5回繰り返します。

2 次は右手をグー・チョキ・パーの順番で先に出し、左手を後に出します。左手が必ず勝つようにして5回繰り返します。

さらに

難易度アップ

慣れてきたら、「後出しするほうが必ず負ける」「後出しするほうが2回勝ってから3回負ける」といった複雑なルールにしてやってみましょう。

第5回
練習問題と回答用紙

次ページから本番と同形式の問題が載っています。
本番の検査実施中は検査員が「めくってください」と言うまで
は用紙をめくらないでください。

（実際に出題される問題とは絵柄や順番が異なります）

認知機能検査検査用紙

名前 (なまえ)	
生年月日 (せいねんがっぴ)	大正 (たいしょう) 　　　　　　　　　　　年 (ねん)　　月 (がつ)　　日 (にち) 昭和 (しょうわ)

諸注意 (しょちゅうい)

1　指示 (しじ) があるまで、用紙 (ようし) はめくらないでください。
2　答 (こたえ) を書 (か) いているときは、声 (こえ) を出 (だ) さないでください。
3　質問 (しつもん) があったら、手 (て) を挙 (あ) げてください。

※本番 (ほんばん) の検査 (けんさ) では指示 (しじ) があるまでめくらないでください。

最初の検査を行います。

用紙は、指示があるまでめくらないでください。

これから、いくつかの絵をご覧いただきます。

一度に４つの絵です。

それが何度か続きます。

後で、何の絵があったかをすべて答えていただきますので、よく覚えるようにしてください。

絵を覚えるためのヒントもお出しします。

ヒントを手がかりに、覚えるようにしてください。

４つの絵を、おおよそ１分で覚えてください。

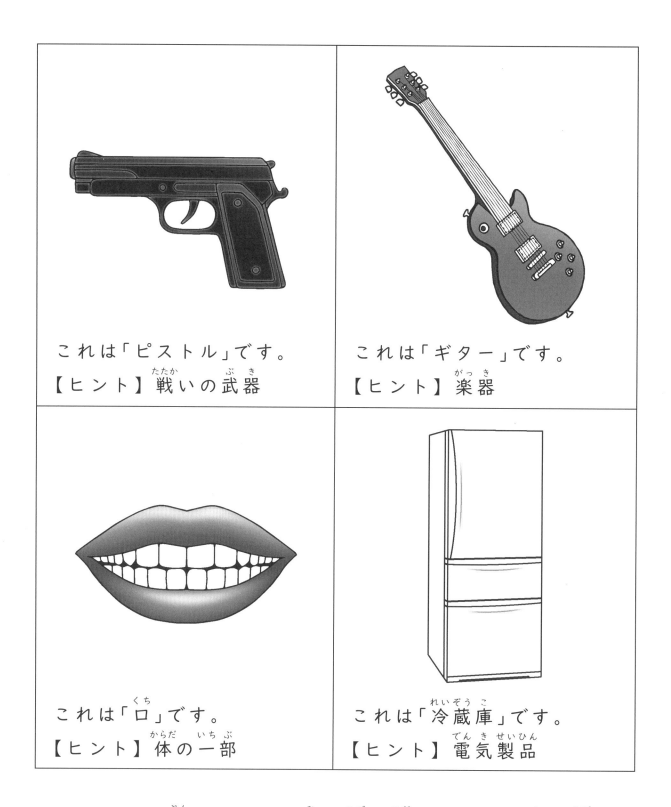

これは「ピストル」です。
【ヒント】戦いの武器

これは「ギター」です。
【ヒント】楽器

これは「口」です。
【ヒント】体の一部

これは「冷蔵庫」です。
【ヒント】電気製品

※おおむね１分たったら、引き続き次のページの絵を覚えて
ください。

4つの絵を、おおよそ1分で覚えてください。

これは「蝶」です。
【ヒント】昆虫

これは「ねこ」です。
【ヒント】動物

これは「大根」です。
【ヒント】野菜

これは「おたま」です。
【ヒント】台所用品

※おおむね1分たったら、引き続き次のページの絵を覚えてください。

第5回 練習問題

４つの絵を、おおよそ１分で覚えてください。

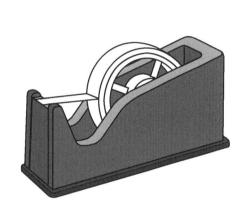

これは「セロハンテープ」です。
【ヒント】文房具

これは「自転車」です。
【ヒント】乗り物

これは「りんご」です。
【ヒント】果物

これは「Ｔシャツ」です。
【ヒント】衣類

※おおむね１分たったら、引き続き次のページの絵を覚えて
　ください。

４つの絵を、おおよそ１分で覚えてください。

これは「はと」です。
【ヒント】鳥

これは「コスモス」です。
【ヒント】花

これは「ドリル」です。
【ヒント】大工道具

これは「タンス」です。
【ヒント】家具

第５回 練習問題

※本番の検査では指示があるまでめくらないでください。

※このページは空白です。

　これから、たくさん数字が書かれた表が出ますので、指示をした数字に斜線を引いてもらいます。

　例えば、「1と4」に斜線を引いてくださいと言ったときは、

4	3	4	4	6	2	4	7	3	9
8	6	3	4	8	9	5	6	4	3

と例示のように順番に、見つけただけ斜線を引いてください。

第5回 練習問題

※本番の検査では指示があるまでめくらないでください。

109

5と7に斜線を引いてください。 回答時間：約30秒

6	8	5	4	8	9	5	2	4	3
6	1	8	3	4	5	9	1	7	4
8	6	5	2	4	1	5	7	8	6
8	1	5	8	7	3	4	1	4	7
6	9	8	9	5	7	2	4	1	3
6	1	9	4	1	3	8	2	5	7
8	5	3	6	9	1	2	5	7	4
4	8	9	1	6	7	8	2	4	9
5	7	2	3	9	2	6	4	3	8
6	7	1	4	5	7	2	3	9	1

同じ回答用紙に、はじめから2と3と9に斜線を引いてください。 回答時間：約30秒

※本番の検査では指示があるまでめくらないでください。

先ほど何枚かの絵を見ていただきました。何が描かれていたのかを思い出して、次のページの回答用紙2にできるだけ全部書いてください。回答中は絵を見ないようにしてください。

回答の順番は問いません。
思い出した順で結構です。

「漢字」でも「カタカナ」でも「ひらがな」でもかまいません。
間違えた場合は、二重線で訂正してください。

※本番の検査では指示があるまでめくらないでください。

回答用紙2

1.	9.
2.	10.
3.	11.
4.	12.
5.	13.
6.	14.
7.	15.
8.	16.

※本番の検査では指示があるまでめくらないでください。

　今度は回答用紙に、ヒントが書いてあります。

　それを手がかりに、もう一度、何が描かれていたのかを思い出して、回答用紙3にできるだけ全部書いてください。

　それぞれのヒントに対して、回答は1つだけです。

　2つ以上は書かないでください。

「漢字」でも「カタカナ」でも「ひらがな」でもかまいません。

　間違えた場合は、二重線で訂正してください。

※本番の検査では指示があるまでめくらないでください。

回答用紙3

1．戦いの武器	9．文房具
2．楽器	10．乗り物
3．体の一部	11．果物
4．電気製品	12．衣類
5．昆虫	13．鳥
6．動物	14．花
7．野菜	15．大工道具
8．台所用品	16．家具

※本番の検査では指示があるまでめくらないでください。

この検査には、5つの質問があります。

左側に質問が書いてあります。それぞれの質問に対する答を右側の回答欄に記入してください。

よく分からない場合でも、できるだけ何らかの答を記入してください。空欄とならないようにしてください。

質問の中に「何年」の質問があります。

これは「なにどし」ではありません。干支で回答しないようにしてください。

「何年」の回答は、西暦で書いても和暦で書いてもかまいません。

和暦とは、元号を用いた言い方のことです。

※本番の検査では指示があるまでめくらないでください。

第5回 練習問題

115

カレンダーや時計を見ないで、以下の質問にお答えください。

回答時間：約2分

質問	回答
今年は何年ですか？	年
今月は何月ですか？	月
今日は何日ですか？	日
今日は何曜日ですか？	曜日
今は何時何分ですか？	時　分

※時間はだいたいでかまいません。
※これで検査は終了です。採点方法は119～123ページをご覧ください。

記憶するには五感を使った アウトプットが大事

「まだまだいろんなことを学びたいのに、覚えたことをすぐに忘れてしまう」。そんな方は**アウトプットを意識的に行ってみてください**。

「本を読む」「インターネットで調べものをする」といった情報を脳に入れる作業、いわゆるインプットと、脳に入れた情報を「誰かに話す」「ノートに書き留める」といった脳から出す作業、いわゆるアウトプット。この出し入れを頻繁に行うことで脳の神経細胞間の情報伝達の効率がアップし、記憶力が高まります。

何かを覚えようとするとき、「なかなか記憶できない」「もともと物覚えが悪いから」「最近記憶力が落ちた」という人は、もしかしたら頭に詰め込めるだけ詰め込んで、出す作業をしていないからかもしれません。脳は、入れたものよりも出したもののほうが重要だと考える出力依存症のようです。

アウトプットは五感を使うと記憶に定着しやすくなります。例えば、覚えたことを書き出すときに声を出しながら書くと、その声がまた耳から入ってきます。また、書くことで、それが目からも入ってきます。五感をできるだけフルに使った出し入れが記憶の定着に重要なのです。

さらに、「出す」作業をするとき、キーボード入力するよりも、**自分の手で紙に書くほうが忘れにくい**という研究結果があります。最近の人は、何でもパソコンや携帯、スマホなどを利用して手で書くことをしないために、漢字を思い出そうとしても出てこないということがよくあるのかもしれませんね。

「声に出す」「紙に書く」ことで忘れにくくなる。

耳・鼻交互つかみ

右手と左手で鼻と耳を交互につかむ
トレーニングです。

❶

❷

❸

❶ 左手で鼻をつかみ、右手で図のように左耳をつかみます。

❷ 両手を鼻と耳から離して、顔の前でパン！とたたきます。

❸ 瞬時に左右の手を入れ替えて右手で鼻をつかみ、左手で右側の耳をつかみます。

これを ❶ → ❷ → ❸ → ❷ → ❶ と繰り返します。

さらに

| 難易度アップ | 慣れてきたら、徐々にスピードをアップしてください。 |

採点方法と採点基準

総合点の計算方法と判定

3つの検査の点数を次の計算式に代入して総合点を計算します。

$$総合点 = A×2.499 + B×1.336$$

A：イラストを答える検査の点数（回答用紙2と3）

B：日時を答える検査の点数（回答用紙4）

※数字に斜線を引く問題（回答用紙1）は採点されません。

■総合点によって、次のように判定されます。

総合点	判定
36点未満	認知症のおそれあり
36点以上	認知症のおそれなし

Aの「イラストを答える検査」は、100点満点中、約80点を占めているので、この検査で半分以上できれば、36点を確保できます。しっかり練習をしておきましょう。

A：イラストを答える検査の採点方法

■ 採点方法と点数

合計16のイラストが提示されて、次のように回答しました。

・ヒントなしで答える ＝ **自由回答**

・ヒントありで答える ＝ **手がかり回答**

これらを次のように採点します。

自由回答・手がかり回答 両方とも正解	2点
自由回答のみ正解	2点
手がかり回答のみ正解	1点
どちらも不正解	0点

＊回答は「漢字」でも
「カタカナ」でも
「ひらがな」でも
かまいません。

■ 採点例1

自由回答	
1 目	○
2 いぬ	×
3 椅子	×
4 ねこ	×

手がかり回答		
1 体の一部 → 手		×
2 動物 → ライオン		○
3 果物 → すいか		×
4 家具 → 机		○

自由回答・手がかり回答の両方が正解：0問　0問×2点＝0点
自由回答のみ正解　　　　　　　　：1問　1問×2点＝2点
手がかり回答のみ正解　　　　　　：2問　2問×1点＝2点
　　　　　　　　　　　　　　　　　　合計点数：4点

■ 採点例2

自由回答	
1 目	○
2 いぬ	×
3 椅子	×
4 ねこ	×

手がかり回答		
1 体の一部 → 目		○
2 動物 → ライオン		○
3 果物 → すいか		×
4 家具 → 机		○

自由回答・手がかり回答の両方が正解：1問　1問×2点＝2点
自由回答のみ正解　　　　　　　　：0問　0問×2点＝0点
手がかり回答のみ正解　　　　　　：2問　2問×1点＝2点
　　　　　　　　　　　　　　　　　　合計点数：4点

■採点の注意点

示された絵を覚えているかどうかを検査するものですから、回答に誤字脱字があっても書きたかったものがはっきりわかれば正解になります。

また、次のような取り扱いをして受検者に不利とならない採点を行うことになっています。

注意1 手がかり回答でヒントが出されたときに、1つのヒントに対して2つ以上の答えを書いてはいけません。2つ以上の回答をしてしまった場合は、どちらかがあっていても不正解になります。

> 例）ヒント：「動物」→ 回答「ライオン」「馬」
> ＊「ライオン」が正解であっても不正解になります。

注意2 回答の順序は採点の対象外になります。与えられたヒントに対応していない場合であっても正しく回答されていれば正解になります。

> 例）ヒント：「家具」→ 回答「ライオン」
> ＊ヒント「動物」の正解が「ライオン」であれば得点になります。

注意3 検査員が説明した言葉を言い換えた場合も正解になります。これには方言、外国語、通称名（一般的にその物を示す商品名、製造社名、品種）などがあります。

> 例）イラストが「ものさし」→ 回答「線引き」「定規」

検査員が示した絵とよく似たものを回答した場合も正解になります。

> 例）イラスト「メロン」→ 回答「マクワウリ」
> 　　イラストが「大砲」→ 回答「キャノン砲」「砲台」

B：日時を答える検査の採点方法

■採点方法と点数

年・月・日・曜日・時間でそれぞれ点数が異なります。

「年」が正解	5点
「月」が正解	4点
「日」が正解	3点
「曜日」が正解	2点
「時間」が正解	1点

■採点の注意点

年について

西暦でも和暦でもかまいません。ただし、和暦の場合は元号を間違えると間違いになりますので、注意しましょう。

　例）正解が2022年のとき
　　　2022年　　＝正解
　　　令和4年　　＝正解
　　　昭和4年　　＝不正解
　　　（西暦を意図して省略した）22年＝正解

月・日・曜日について

正しくその日の月、日、曜日を記入してあれば正解になります。

時間について

検査のときに検査員が「鉛筆をもって、始めてください」と言った時刻が検査時刻となり、その時刻を記入します。ただし、細かく何分と正確である必要はありません。指示のあった時刻から前後３０分未満は正解になります。

また、回答欄には午前・午後を書く必要はありません。

例）検査時刻が９時４０分のとき

９時１５分、１０時５分＝正解

９時６０分＝正解（普通は６０分という言い方はしないが、検査時刻から３０分未満のずれなので正解とする）

１０時１０分＝不正解（検査時刻から３０分以上ずれているので不正解とする）

■注意事項

回答が空欄の場合も不正解になります。また、空欄に間違えて次の項目を書いてしまうことのないように、自信がなくとも、年・月・日・曜日・時間の順に正しく回答欄を埋めていくようにしましょう。回答欄がずれて「日」の欄に「曜日」を書いたりしないように注意することも必要です。

高齢者講習の概要

70歳以上の方が運転免許の更新前に受けなければならない講習で、運転適性検査、座学、実車による講習が行われます。試験ではないので、終了後に必ず終了証明書が交付されます。

講習の内容は？

運転適性検査（30分）、講義（30分）、実車指導（60分）の、合わせて2時間の講習です。ただし、運転技能検査の対象になっている方や、原付、二輪、小特、大特免許のみの方は実車指導が免除され、運転適性検査と座学のみの講習となります。

講習の所要時間＝合計2時間

運転適性検査（30分） ＋ 講義〈座学〉（30分） ＋ 実車指導（60分）

●運転技能検査の対象の方と、原付、二輪、小特、大特免許のみの方は運転適性検査と座学での1時間の講習のみ。

予約の方法は？

教習所に電話などで予約をします。実施している教習所は、警視庁や各道府県警などのホームページからも確認することができます。

高齢者の免許更新手続き

認知機能検査、高齢者講習、運転技能検査＊を通過したら、いよいよ免許の更新です。事前に送られてくる「更新のお知らせの案内」をよく確認してから、手続きを行ってください。

＊該当者のみが受ける検査です（P4参照）。

手続き期間は？

誕生日の前1か月から誕生日の後1か月までです。

＊有効期間の満了日が土曜、日曜、祝休日、年末年始にあたるときは、これらの日の直後の平日まで手続きが可能。運転免許証もその日まで有効です。

手続きに必要な物は？

① 「更新のお知らせはがき」（＊1）
② 運転免許証
③ 更新手数料
④ 高齢者講習終了証明書
⑤ 認知機能検査結果通知書（＊2）
⑥ 運転技能検査受験結果証明書（＊3）

　＊1 誕生日の40日前に「更新のお知らせ」はがきが郵送されます。
　＊2 専門医の診断書の提出で、認知機能検査の免除を受けることができます。更新手続きの際、医師の診断書を提出してください。
　＊3 該当者のみが必要です。

その他

各道府県警や警視庁、運転免許試験場、運転免許更新センターのホームページには、運転免許手続きに関する最新情報が掲載されていますので、事前に確認しておきましょう。

免許返納についての相談

免許自主返納の相談

　各都道府県の警察では、加齢にともなう身体機能の低下などによって自動車等を安全に運転することに不安を感じているドライバーやその家族が担当の職員に相談できる、**運転適性相談窓口**を設けています。

　「これまでのような運転ができなくなった」

　「『危ないから運転はもうやめて』と家族に言われた」など、運転に不安のある高齢ドライバーやその家族の方は、この窓口を利用してみてはいかがでしょうか。

こんなときは自主返納を考えてみましょう

　75歳以上の高齢ドライバーの場合、視力はよくても視野が狭くなっていることがあります。本人には自覚がありませんが、加齢とともに部分的に見えなくなる症状が見られます。

■ こんな症状が出たときは要注意

●狭い道路でのすれ違いがスムーズにできなくなった。

●歩行者や障害物、ほかの車に注意がいかないことがある。

●カーブをスムーズに曲がれないことがある。

●車庫入れのときに塀や壁をこすることが増えた。

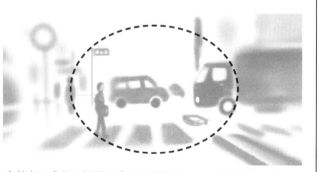

高齢者の事故は視野の狭さが原因の一つ。視野が狭くなっていても、日常生活ではほとんど気づかないので注意が必要。

　このようなときは自主返納を検討してみましょう。また、ご家族の方もこういった状況が増えたと感じた場合はご本人とよく相談してください。

運転免許自主返納手続き

　自主返納後に身分証明書がなくなってしまうなどの不安のある方には、**運転経歴証明書**を発行しています。これは本人確認書類として使用することができます。

氏名	山　田　花　子	昭和11 年 12 月 13 日生

住所　東京都○○市○○町 1 - 2 - 3
交付　令和04 年 06 月 12 日　12345-1

運　転　経　歴　証　明　書
（自動車等の運転はできません）

番号　第　012345678900　号

二小原
他　　昭和60 年 03 月 03 日
二　　平成00 年 00 月 00 日
平成00 年 00 月 00 日
種類　大型　中型　準中型　普通　大特　大自　普自　小引
　　　小特　大二　中二　普二　大特二　け引

○○○○
公安委員会

　また、自主返納をされた方に対して、自治体等によって公共交通機関の料金の割引など支援施策も用意されています。詳しくは都道府県の運転適性相談窓口に相談してみましょう。

　自主返納は、各都道府県の運転免許センターなどで手続きできます。

サポートカー限定免許

　運転免許を受けている方は、その方の申請により、運転することができる自動車の範囲をサポートカーに限定する条件をつけることができます。

　サポートカーとは、次の安全運転支援装置が搭載された普通自動車のことで、サポートカー限定免許はこれらの装置が搭載された普通自動車のみ、運転することができます。

①衝突被害軽減ブレーキ（対車両、対歩行者）

衝突などの可能性がある場合に警報や自動ブレーキが作動する機能。

②ペダル踏み間違い時加速抑制装置

ペダルの踏み間違い時の急加速を抑制する機能。

　サポートカー限定免許は、高齢のため運転に不安があるが、日常的に車を利用しなければならないため、返納が困難、という高齢者の利用を想定しており、申請は、運転免許証の更新時に併せて行うことができます。詳しくは、住所地を管轄する公安委員会にお問い合わせください。

　なお、運転技能検査が不合格になった場合、サポートカー限定免許に切り替えても免許の更新はできません。

免許返納

127

●監修者

篠原 菊紀（しのはら きくのり）
脳科学・健康教育学者。公立諏訪東京理科大学情報応用工学科教授。地域連携研究開発機構医療
介護健康工学部門長。茅野市縄文ふるさと大使。東京大学、同大学院教育学研究科修了。「学習
しているとき」「運動しているとき」「遊んでいるとき」など日常的な場面での脳活動を研究して
いる。テレビ、ラジオ、書籍などの著述・解説・実験・監修を多数務める。

本書に関するお問い合わせは、書名・発行日・該当ページを明記の上、下記のいずれかの
方法にてお送りください。電話でのお問い合わせはお受けしておりません。
・ナツメ社 web サイトの問い合わせフォーム
　https://www.natsume.co.jp/contact
・FAX（03-3291-1305）
・郵送（下記、ナツメ出版企画株式会社宛て）
なお、回答までに日にちをいただく場合があります。正誤のお問い合わせ以外の書籍内容
に関する解説・受験指導は、一切行っておりません。あらかじめご了承ください。

●スタッフ
本文デザイン・DTP　遠藤デザイン、株式会社ウエイド
イラスト・図版　斉藤ヨーコ、原田あらた、宮下やすこ
　　　　　　　　アルフハイム・スタジオ　柴山ヒデアキ
編集協力　パケット
編集担当　原　智宏（ナツメ出版企画）

ナツメ社Webサイト
https://www.natsume.co.jp
書籍の最新情報（正誤情報を含む）は
ナツメ社Webサイトをご覧ください。

本書は、警察庁ウェブサイト「認知機能検査について」の内容をもとに制作しています。
https://www.npa.go.jp/policies/application/license_renewal/ninchi.html

知っておきたい！　運転免許認知機能検査　対策＆問題集　第2版

2019年 4 月 4 日　初版発行
2022年 7 月20日　第 2 版第 1 刷発行
2023年 4 月20日　第 2 版第 6 刷発行

監修者　篠原 菊紀　Shinohara Kikunori,2019,2022

発行者　田村正隆

発行所　株式会社ナツメ社
　　　　東京都千代田区神田神保町 1-52　ナツメ社ビル 1 F　（〒 101-0051）
　　　　電話　03（3291）1257（代表）　FAX　03（3291）5761
　　　　振替　00130-1-58661

制　作　ナツメ出版企画株式会社
　　　　東京都千代田区神田神保町 1-52　ナツメ社ビル 3 F　（〒 101-0051）
　　　　電話　03（3295）3921（代表）

印刷所　広研印刷株式会社

ISBN978-4-8163-7232-2　　　　　　　　　　　　　　　　Printed in Japan